博物之旅

探究式学习

科学实验

芦 军 编著

安徽美术出版社
全国百佳图书出版单位

图书在版编目（CIP）数据

探究式学习：科学实验 / 芦军编著. —合肥：
安徽美术出版社，2016.3（2019.3重印）
（博物之旅）
ISBN 978-7-5398-6691-8

Ⅰ.①探…　Ⅱ.①芦…　Ⅲ.①科学实验—少儿读物　Ⅳ.①N33-49

中国版本图书馆CIP数据核字（2016）第047034号

出 版 人：唐元明　　责任编辑：史春霖　张婷婷
助理编辑：刘　欢　　责任校对：方　芳　刘　欢
责任印制：缪振光　　版式设计：北京鑫骏图文设计有限公司

博物之旅

探究式学习：科学实验

Tanjiu Shi Xuexi Kexue Shiyan

出版发行：安徽美术出版社（http://www.ahmscbs.com/）
地　　址：合肥市政务文化新区翡翠路1118号出版传媒广场14层
邮　　编：230071
经　　销：全国新华书店
营 销 部：0551-63533604（省内）0551-63533607（省外）
印　　刷：北京一鑫印务有限责任公司
开　　本：880mm×1230mm　1/16
印　　张：6
版　　次：2016年3月第1版　2019年3月第2次印刷
书　　号：ISBN 978-7-5398-6691-8
定　　价：21.00元

目录

博物之旅

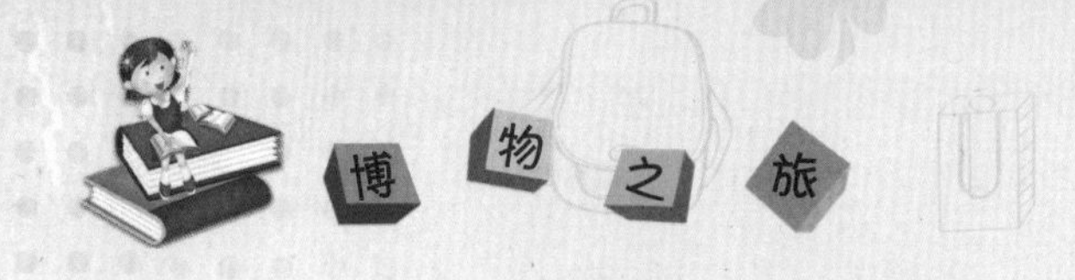
博物之旅

怎样制作日晷

太阳的影子也可以计算时间，现在我们一起来做一个简易的日晷，看看太阳的神奇用处。据了解，古人就是用太阳来测定时间的。通过下面这个游戏我们也来体验一下古人测定时间的方法和我们现在的有什么不同。

在硬纸背面的中心位置放一块橡皮泥，用锥子穿过硬纸

片插进橡皮泥里，钻出一个洞。用胶水把长木棍直立着粘在洞里，作为指针。做好后，放在一大块防水油漆纸板上，这样，日晷就做成了。

在光照充足的上午，把日晷放在室外。每当整点的时候，沿指针投下的阴影画一道线，并在旁边注上时间。这样，你的日晷上就有了均等间隔的一组线。你就可以用你的日晷测量时间了。不过，日晷只有在晴天时才起作用，而且你始终要把它放在同样的位置。

看来我们祖先用的“表”和现在我们用的手表有很大的不同。可是在那个时候这样的发明已经算是很伟大的了。其实我们现在用的手表就是根据

日晷的原理制作出来的。

指针在背着阳光的方向投下阴影。日晷上指针投下阴影的位置随着太阳在天上的移动而变化。其实，太阳一直都在太空中，只是地球围绕着太阳在旋转。所以，在我们看来，太阳好像从东方升起，中午升到最高点，然后从西方落下。把这个表面变化全天等分，就成了计时法。

怎样自制彩虹

我们看到的太阳光是白色的，所以我们称它为白光。实际上，它是由赤、橙、黄、绿、蓝、靛、紫七种颜色组成的。当白光穿过棱镜时，它就会分散成这些颜色。于是，人们就给它取了个好听的名字叫彩虹。雨滴就像一个个小的棱镜，当阳光穿过雨滴时也会被分散，这时我们就能看到彩虹了。其实，

只要我们动动手就可以自制彩虹。

1. 在黑卡片上方剪一条水平的小缝，折起卡片的底部，使卡片能立起来。

2. 往碗里倒入半碗水。将镜子放在碗里，使之一半在水下，一半在水上，用橡皮泥固定住。

3. 把黑卡片立起来，并将白卡片放在它前面，小缝正对着镜子。

4. 让手电筒的光穿过切口照在镜子上。调整镜子的角度，直到你能在白卡片上看到彩虹。

你知道这条彩虹是怎样形成的吗？镜子与水构成的三角形形成了一个棱镜。当光线通过棱镜时，每种颜色的光会以不同的速度传播，也会弯曲成不同的角度。白光被切分为一个光谱，所以你就能看到反射在白纸上的彩虹了。

怎样催熟水果

我们都知道水果可以人工催熟，只要用化学药水就可以。那如果我们自己想把水果催熟，你知道要怎么做吗？

把未熟的水果，如梨、桃、李子，放进塑料袋子里，再把发了霉的柠檬放进去。不久，袋子里的水果就熟了。

原来，柠檬上的霉菌会释放出一种叫作乙烯的气体。这种气体加快了袋子里其他水果的成熟速度。但要注意的是，在吃水果之前，一定要用清水把水果彻底洗干净。

怎样制作水滴放大镜

用剪刀在硬纸板中间剪一个小洞，把透明薄膜盖在小洞上，然后用胶带把薄膜的四个角粘在硬纸板上，小心地在薄膜上滴几滴水，这样，水滴放大镜就制成了。你可以把这个水滴放大镜放在书上，怎么样？发现书上的字果然变大了吧！

做一个水滴放大镜虽然简单，但是其中包含的物理原理可不简单！水滴滴在薄膜上，中间厚，两边薄，形成了一个凸透镜。把这个凸透镜放在书上，因为离书很近，因而它的物距就会小于它的焦距，根据凸透镜成像原理，此时就会在同侧形成放大的正立的虚像。因而，我们用这个凸透镜来看书本上的字时，凸透镜就像一个放大镜一样，将书上的字放大了。

怎样看透毛玻璃

当我们的目光透过毛玻璃时，我们是不可能看清楚玻璃外面的任何物体的。如何才能看清楚呢？

把一个透明的胶条贴在毛玻璃上，用手指甲把它抹平，这个地方的毛玻璃就会像普通玻璃一样透明了。

原来，用氢氟酸腐蚀并用金刚砂打磨的粗糙的玻璃表面，会把射来的光线向四方散射出去，所以只能看到玻璃后面模糊不清的影像。胶条把不平坦的玻璃表面填平，这样，光线就可以像通过透明的玻璃一样平行射入，在眼睛的虹膜上形成清晰的影像。所以我们就可以很清楚地看到毛玻璃后面的图像。

怎样让太阳来帮忙做饭

1. 把鞋盒剪成像锅一样的形状，在凸起的两翼中心扎一个孔。

2. 剪一条卡片，要正好适合盒子的开口弧度，把卡片包上锡箔，发亮的一面朝外，然后粘在盒子上。

3. 把杆穿过盒子上的孔，把你要加工的食物穿上去，然

后再把杆穿过另一个孔，这样就做成了一个简易的“太阳能烤炉”。

4. 把你的“太阳能烤炉”放在阳光下，它就可以烧烤食物了。

知道它为什么可以帮你烧烤食物吗？太阳的光蕴藏着巨大的能量。锡箔像镜子一样可以反射太阳光，由于卡片弯成弧形，所以锡箔可以把光会聚在要加工的食物上。这样食物就会慢慢变热，过一会儿，食物就能被烤熟了。

怎样将鸡蛋变得透明

想透过鸡蛋壳看看鸡蛋内部的样子吗？如果想的话，那么下面的方法能帮你实现这个愿望。

为了方便观察，首先找一个透明的玻璃杯，然后往杯子里倒醋，直到醋把生鸡蛋泡起来。三天以后，小心地拿出鸡蛋，

举到光前，你会发现鸡蛋变成透明的了，鸡蛋中间的暗影就是蛋黄。

这是因为醋和蛋壳中的成分发生了化学反应，把蛋壳溶解了。但是醋不能溶解叫作膜的那层薄皮，膜仍然保护着蛋白和蛋黄，所以就可以不打碎鸡蛋而看到鸡蛋内部的样子了。

怎样给气球安耳朵

在两个小玻璃杯里倒入热水，停一会儿等杯子热了，就将水倒掉；迅速将玻璃杯口贴在一个吹满气的气球两侧，形成气球的“大耳朵”；取一杯冷水，浇在两个热玻璃杯的外边；等玻璃杯降温后，我就们会发现，气球的耳朵出现了。

这是大气压的作用。玻璃杯变热时，杯里的空气也变热，

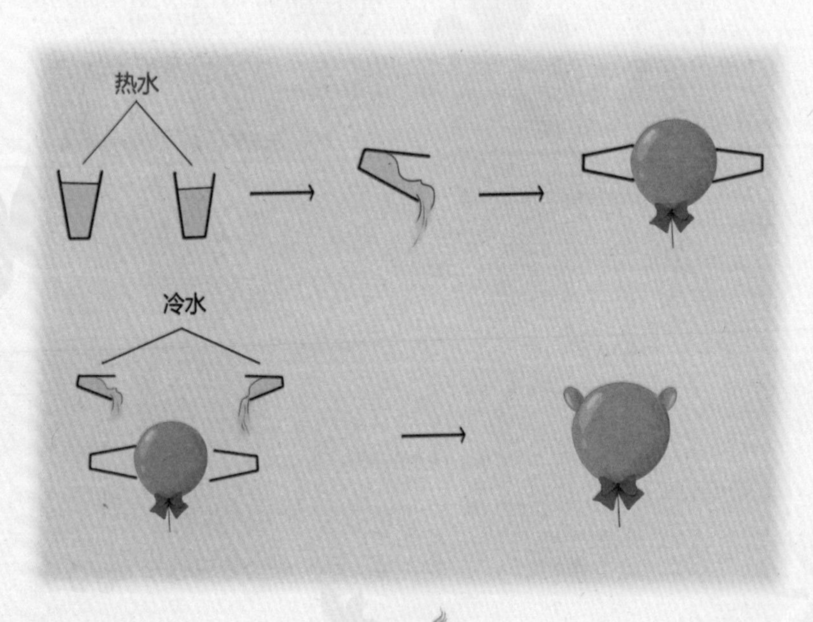

这时将杯子扣在气球上，再用冷水给它们降温，玻璃杯内的空气会因为变冷而体积收缩，气压变低。而气球内的气压不变，就与玻璃杯内的气压形成气压差，杯口的气球就被压进杯子里了。即使把两个杯子都竖直拿起，中间的气球也不会掉下来的。

怎样使气球防爆

我们都知道，吹足了气的气球很危险，只要轻轻一扎它就会爆炸，把人吓一跳。但用特殊的方法扎破气球，它是不会爆炸的。将气球吹足气，扎紧口子，用一块透明胶布贴在气球

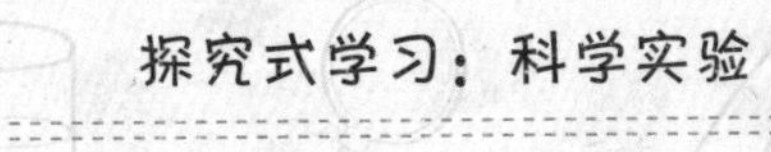

上，这时，用针在贴胶布的地方扎下去，不要紧张，气球不会爆炸，而是像消了气的车胎一样，慢慢地瘪下去。

平时气球被扎破时，溢出的空气会形成一股压力，气球膜脆而薄，一下子被撑破便会发出很大的破裂声。而胶布比较坚固，可以抵住压缩空气冲出造成的压力，所以气球不会炸掉。

防爆轮胎就是根据这个原理制成的。

怎样让蜡烛沉在水底

把蜡烛放在水中，蜡烛总会漂在水面上，不会自动沉底。有什么办法让它沉下去呢？利用空气压力就可以做到。

在鱼缸里盛大半缸水，将短粗的蜡烛头放入水中，这时，它是漂浮在水面上的。然后，把玻璃杯倒过来，罩住蜡烛头，随着杯子的渐渐下降，蜡烛也会跟着下沉。等到杯口碰到鱼缸的底部时，蜡烛也会沉到缸底。

这是因为当杯口压到水面上时，杯里的空气跑不出来，当杯子

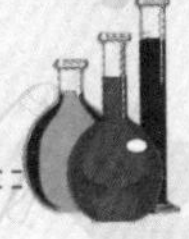

继续下沉，杯内的空气会受到水的压缩而体积缩小。这时，杯内的压强大小与外面的大气压强一样，所以，杯内的压强会阻止水进入杯子，一直到杯口触及缸底。而浮在水面的蜡烛也就跟着下沉了。

怎样让气球自动变大

当乒乓球瘪了时，有些人会把它放在热水里重新让其鼓起来。我们也可以利用这个原理让气球自动变大，你知道怎么做吗？

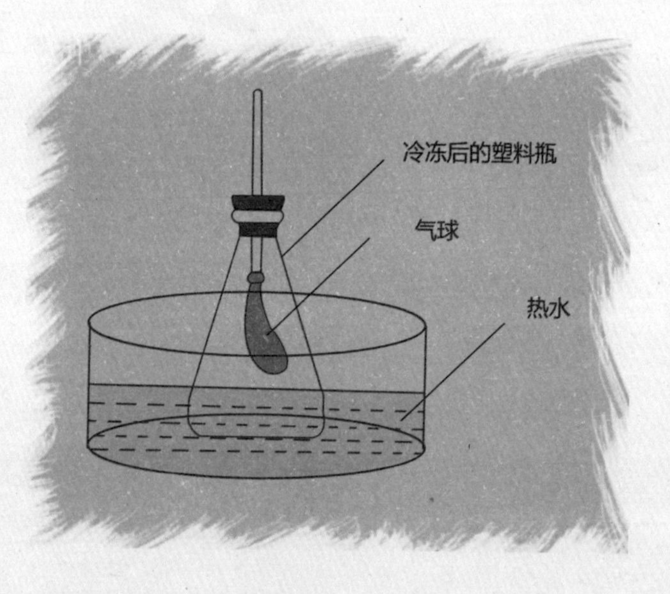

把塑料瓶放在冰箱里，冷冻一个小时后拿出，找一个没有吹气的旧气球，把气球紧紧地套在冰冻过的塑料瓶瓶口上，再把塑料瓶放在盆中，用热水烫塑料瓶。这时，气球就会逐渐变大。

这是空气体积遇冷缩小、遇热扩大的原理。

怎样使火柴折不断

把火柴棒放在中指第一个关节的背上，用食指和无名指各压一端，中指向上抬。但拇指和小指不能来帮忙，也不能把手放在桌子上使劲。你会发现火柴是折不断的。

还有一种方法：将火柴搭在食指和无名指上方、中指下方，用中指往下压，食指和无名指往上抬，发现火柴也是无法折断的。

三根指头为什么折不断火柴呢？因为这利用了杠杆原理。手指没有处

于有利位置。支点在手指关节与手掌的连接处。当手指在远离支点的位置施加力时，力气太小，所以折不断火柴。如果你把火柴移到靠近手掌的指关节，你会发现火柴很容易就被折断了。

怎样自制旋转陀螺

大家都玩过陀螺吧？陀螺有很多种，现在我们来自制最简单的一种。

把硬纸片剪成一个圆纸片，在圆心上钻一个小孔，插入细木棒，用胶水把小孔的缝隙黏合；把木棒的底端削尖，至此

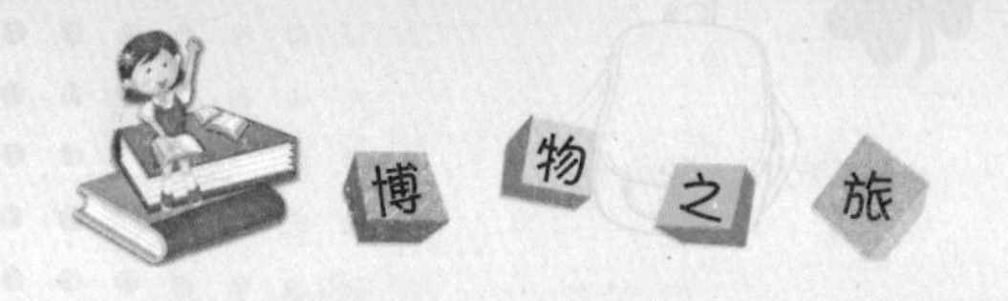

陀螺就制作完成了。以尖端为支点，捻动陀螺，它就能不停地旋转。

根据转动惯性原理，物体旋转速度越快，越容易保持平衡。自行车在运行过程中，就跟两个陀螺一样，能保持原来的转动方向，使车子平稳行驶，不倒下来。

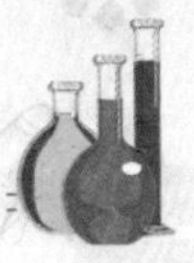

怎样模拟压缩气火箭

“神舟飞船”的成功，让我们所有的中国人为之兴奋。那么，火箭是如何把它送上天的呢？

我们来做个模拟实验。

1. 在软塑料瓶上钻一个小孔，把塑料细管插进瓶盖，并用万能胶粘牢。

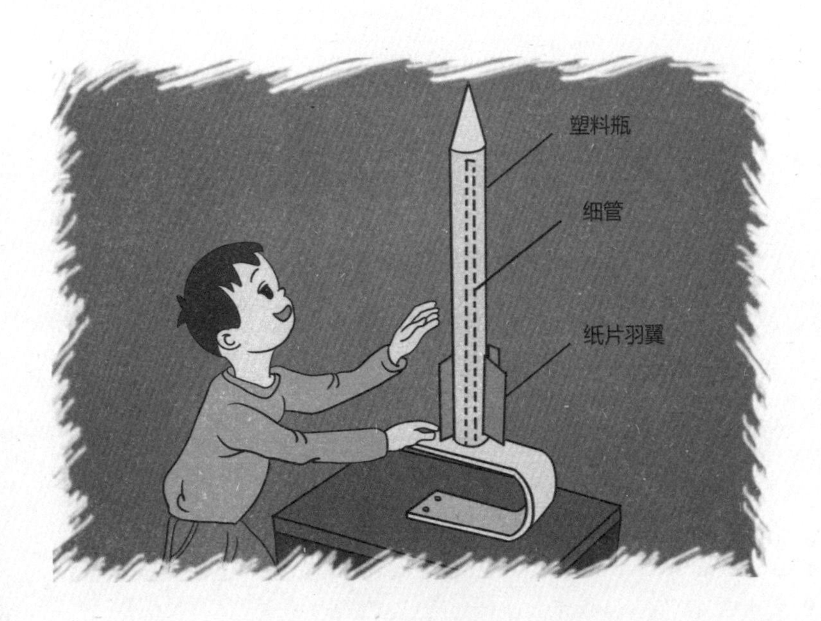

2. 找一根比塑料细管稍大的麦秆，长约10厘米。在麦秆的一端用面团封严，并捏成火箭头状。另一端用四张三角形的彩色纸作为火箭的尾翼。

3. 把麦秆做的“火箭”套在塑料管上，用手使劲捏瓶子，“火箭”就会“嗖”的一声飞出10多米远。

这是瓶中的空气通过塑料管，给麦秆一个向前的作用力形成的，利用了反冲力原理。在现实生活中，喷气式飞机、水轮机，还有灌溉喷水器等都是利用这个原理运动的。

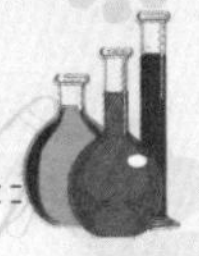

怎样制作立体植株标本

制作植株标本时，不能像制作昆虫标本一样将植株压扁。怎样制作才不会失去它的自然形态和色泽呢？试一试下面的方法吧。

找一些黄沙，除去里面的杂物，用水淘洗后晒干作为干

燥剂。这个干燥剂也可以由淘洗晒干的大米代替。然后，找一个比植株大一点的圆筒，把植株放在里面，用黄沙小心地把植株完全埋起来。这个过程要小心，防止花、叶的变形。把固定好的植株暴晒两三天，使花、枝完全脱水变干。

脱水的植株标本非常脆，取出时要特别小心。最好用小汤匙一点一点取出，不要碰到枝、叶、花。

怎样制作昆虫观赏标本

昆虫标本的类型有很多，观赏标本是最普通、最常见的一种，它的制作方法也很简单。

捕虫。一般用网或罩捉昆虫，捉到后用镊子或夹子夹到纸盒里。

插针。用大头针将昆虫固定在木板或泡沫板上。蛾、蝶

之类的昆虫插针时应插在前翅之间的胸部中央，甲虫类应插在右侧。

整形。用镊子把昆虫的各部位整形成自然形态。

展翅。翅膀较大的昆虫，须要用带有凹槽的木板和泡沫。把昆虫的身体放在凹槽里，翅膀摊平后，要用纸条压住翅膀，再把针钉在纸条上，直到昆虫风干成形。

装盒。标本做好后，将它们排放在扁形的盒子中，盒盖最好是透明的，便于观赏。

怎样保存蝴蝶标本

蝴蝶标本一般人都会做，但是如果想长期保存就不容易了。

将蝴蝶放在三角纸袋里，用镊子小心地从根部取下蝴蝶的翅膀，反放在图画纸上，让前翅的后缘在同一水平线上，并

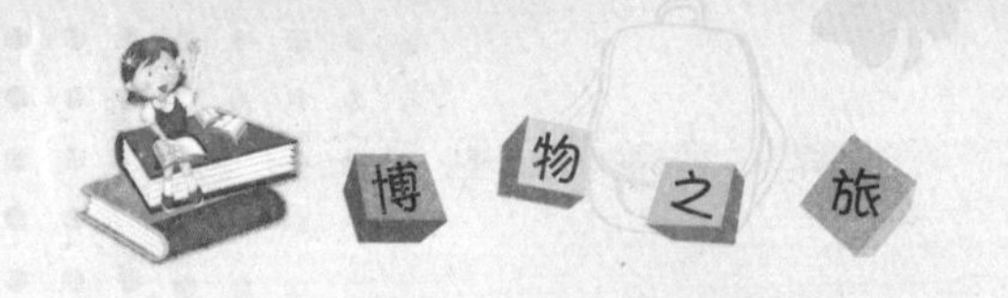

稍稍压住一点后翅的前缘。然后用铅笔画下翅膀的轮廓。画好以后把翅膀挪开，用毛笔蘸蛋清或白胶，在轮廓线内勾画一遍，再把翅膀和触角反贴到上面，夹在较厚的书里。三天后，将翅膀和触角轻轻揭下来，上面的鳞粉便粘在纸上了。用水色颜料将蝴蝶的身子补画好后，装在一个无色透明的玻璃纸袋里。这样，蝴蝶标本就可以长期保存了。

怎样雕鸡蛋壳

很多人都在鸡蛋壳上画过小人，但是你会在蛋壳上雕图案吗？一起来试试吧。

用铅笔在蛋壳上画一些喜欢的图案，然后用细毛笔蘸着熔化的蜡烛，把图案再描一遍。等蜡油凝固后，用小刀把图案修饰好。再将蛋壳放到醋里浸泡两个小时，拿出来后，用清水

洗净，把上面的蜡轻轻地刮掉。这时，你的鸡蛋雕刻就完成了。

这是利用化学反应的原理制造出来的。鸡蛋壳的主要成分是碳酸钙，它与醋酸反应，就生成了溶于水的醋酸钙，而被蜡盖住的部分则被保留了下来。所以被醋泡过后的鸡蛋壳就像被雕刻过一样。

怎样制作简易的针线包

为了旅行的方便，我们要制作一个简易的针线包来装针线。

利用旧挂历，剪一个长方形的纸片，把下面的1/3折上去，并把左右两端粘起来。然后对折，就形成了像两折钱夹一样的

纸夹子了。另外，找一小块厚卡片纸，剪成两端高、中间低，像骨头一样的形状当绕线板，把线绕在上面。再剪一块插针板，把大小缝衣针插上。把绕线板和针板分别装在纸夹的两个小袋里，就完成了。这样的针线包既不占地方，使用起来也方便。

怎样制作叶画

采集不同大小和不同形状的叶子，清洗后，再夹到书里，等叶子干后就可以制作叶画了。

制作叶画的第一步是选叶。

1. 根据图案来选叶子，如制作金鱼，可选择梧桐树叶做鱼尾，万年青或海棠叶做鱼身，玫瑰叶做鱼的眼睛。

2. 按叶子定画，如果有竹叶、罗汉松叶和柳叶，就可以制作蜻蜓的身体，再用满天星的叶子做蜻蜓的眼睛。二者都要用完整的叶子制作。

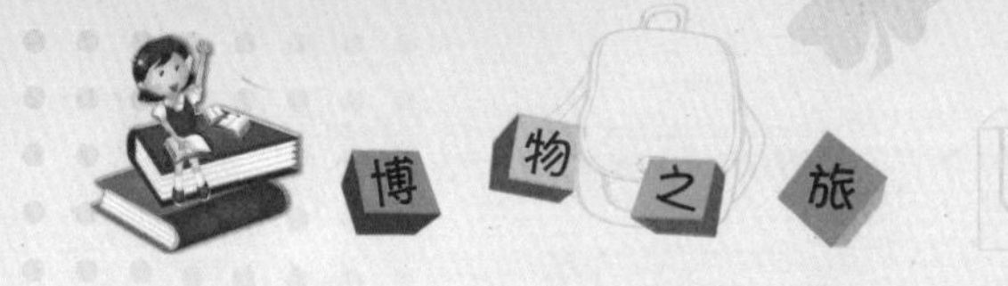

3. 按需要修叶。这就可以用叶子做成任意的叶画，比如用一片银杏叶可以剪成两半做蝴蝶的翅膀，用竹叶或柳叶做它的身体，再用针状叶做它的触角。

制作叶画的第二步是造型。

1. 试拼。根据自己熟悉的图形构思，选叶试拼，直到满意为止。

2. 粘贴。定型后要依次用胶水粘贴叶子，然后用重物把叶子压平。

3. 修饰。叶画需要加工修饰，最好用植物的叶来装饰，也可用彩笔添画其他部分。这样的话会显得更加形象生动。

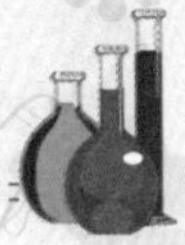

怎样制作工艺观赏鱼

1. 在一张长 36 厘米、宽 30 厘米的泡沫塑料上画一条观赏鱼，贴在另一块大小相同的泡沫塑料上。

2. 将鱼的轮廓和鱼鳍用大头针钉出，鱼鳞用镀锌图钉按鱼鳞的排列方法从尾部向鱼头方向按入，使鳞片相叠。

3. 用一颗四周白、中间黑的纽扣做鱼眼，用胶水粘牢。将 5 颗淡绿色的圆纽扣从鱼嘴处向上用胶水粘牢，代表鱼吐出的水泡。

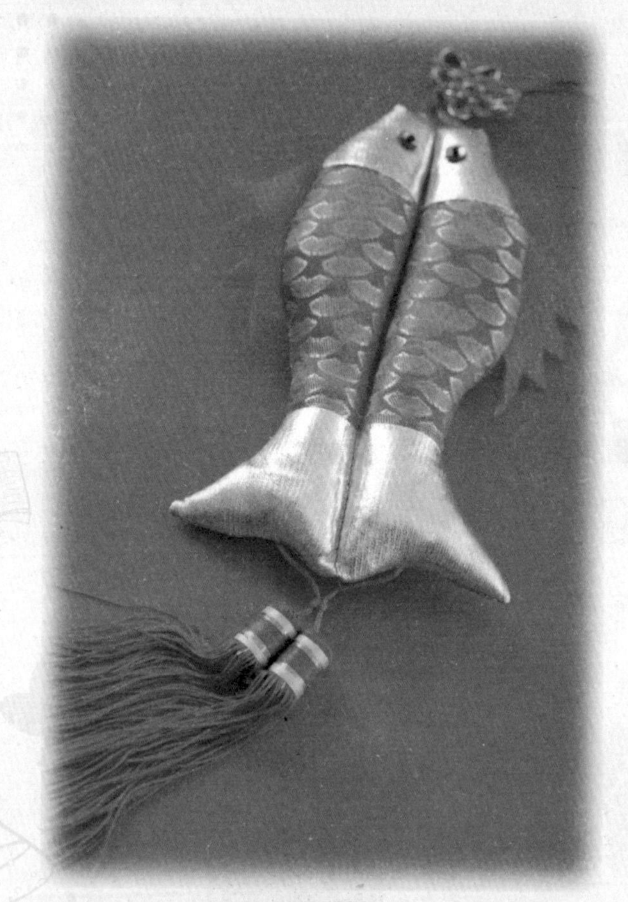

4. 用大小不一、颜色不同的纽扣粘在鱼下方的河底，代表河底的卵石。用彩色的糖纸剪成细长条，像随水摆动的水草一样，从河底的卵石处向上粘贴。在大鱼的旁边配置几条小鱼，以作点缀。

5. 最后，配上镜框即成。

怎样自制脸谱

脸谱即戏曲中某些角色脸上画的各种图案。这些图案运用艺术夸张的手法，表现出人物的性格和特征。一般红色表示清正廉明，黑色表示豪爽刚直，白色表示狡猾奸诈，蓝色表示草莽英雄。我们熟悉的有黑脸的包公，白脸的曹操。

我们可以根据戏曲脸谱，用不同的材料制作观赏性的脸谱。

制作脸谱常用的材料有纸板、蛋壳和黏土。

用纸板制作时，可根据人脸的大小，糊成半面圆形的纸模，剪出鼻子、眼睛。然后用彩笔画上喜欢的图案，再用松紧绳从后面把脸谱的两边连起来，套在脸上，尽情地娱乐。

用蛋壳制作时，可选用颜色较白的鸡蛋或鸭蛋。先用针管在蛋的两头抽空蛋清和蛋黄，再将蛋壳洗净、擦干。用铅笔画上所需要的脸谱轮廓，再用彩笔描绘，这个蛋壳脸谱就

做成了。

用黏土制作时，先将黏土制成半面圆形，阴干后，用砂纸将泥坯打磨光滑，涂上一层底色，再描绘出喜欢的图案。

在描绘脸谱时，要使脸谱的图案对称，色彩涂抹要均匀，要与人物的性格相一致，这样的脸谱才完美。

怎样制作壁挂花瓶

有时候会感觉墙面上太单调，贴的装饰画太多又太杂，如何才能有立体的美感呢？你可以试试把花挂到墙上，不过总不能连花瓶一起挂上吧？不用发愁，我们可以自制一个轻便、可挂的插花筒。

将漂亮的旧挂历纸裁成约 16 开大小的长方形，再卷成上大下小的圆筒，用胶布粘上。然后用小铁夹子夹在接缝的上口处，挂在墙壁上的钉子上，下端用图钉或胶水粘在墙上即可。在这个特

制的花瓶里插入自己喜欢的花卉，最好挂在墙壁的拐角处，会显得更加别致。要根据花的不同形状和大小，制作大小各异的花瓶。

怎样制作“钟乳石”盆景

1. 在盛有清水的盆里，滴一些肥皂水，再紧贴水面放一块网眼较大的铁纱网。

2. 找一些蜡烛，把中间的芯线取出来，再将蜡烛放入铁

罐里，放在火上烘烤。等蜡烛熔化后，把铁罐拿起来，从高处对准铁纱网往下倒。蜡在水中会凝结成各种形状，就像“钟乳石”一样。

3. 把凝结的蜡从铁纱网中取下来，用火稍微烤一下，粘在一块厚纸板上，然后放在准备好的纸盒或花盆里，美丽的“钟乳石”盆景就做好了。

怎样用卵石做工艺品

我们到山溪、海滩时，会情不自禁地捡一些表面平滑光洁的卵石，但是回来后，又觉得它们没什么用处，怎么办呢？我们就动手把它们做成漂亮的工艺品吧，或者送给同学，或者放在卧室当装饰品。

先根据卵石的形状特点，绘制上图案。如椭圆形的卵石，可以绘制一个胖胖的儿童头像；如果是扁平的大卵石，可以绘制一些山水鸟兽图案。

绘制完以后，为了防止颜料掉色，还要在卵石表面涂上一层清漆。这样，绘制的图案就会永不褪色了。

怎样在任何纸上一刀剪出五角星

五角星在我们的生活中随处可见，我们的国旗上有五角星，我们布置晚会时也经常会贴一些五颜六色的五角星。如果给我们正方形的纸，我们可能会剪出一个五角星，可是如果给我们一张圆形的或者形状不规则的纸，怎么样才能正确地一刀剪出五角星呢？

五角星能够一刀剪出来是因为它是对称图形，我们剪五角星的时候利用的也是它的这个原理。我们剪五

角星的第一步是纸的折叠，折叠步骤是：首先，取一张纸放在面前，不论什么形状要先对折，压平；然后，找到折边的中心，以中心为准，由右向左折过来，折过来的角比剩余的角大一半；接着，把剩余的角向背面折过去；最后，将得到的图形再对折。纸折叠后，从折纸背面的边的 1/3 处斜向上剪开，就是一个规则的五角星了。如果从超过 1/3 处剪开，五角星的角就会很短。如果沿直线剪开得到的就是正五边形了。

怎样把手表当指南针用

在郊游的时候，指南针对我们来说很重要。如果没有准备指南针，也不要着急，只要有手表就可以了。

把手表摆平，让时针正好指向太阳。把时针和数字 12 之间的区域用一根火柴一分为二，火柴头指示的方向恰是正南。

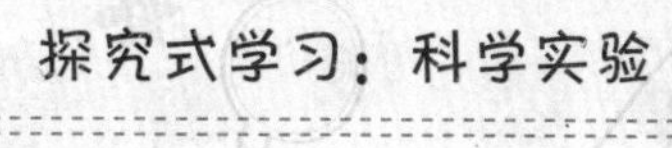

由于地球自转一次要 24 小时，手表的时针将在表盘上旋转两圈。所以上午我们要把从时针到数字 12 间的距离一分为二，而下午则应把从数字 12 到时针的距离一分为二。而在中午 12 点时，时针和数字 12 都指向在南方的太阳。

怎样自制浇花器

如果泥土干了的时候，有一个浇花器可以自动浇水就好了。现在，这个愿望很快就可以实现了。

将矿泉水瓶子里装满水，用手严严实实地捂住瓶口后，将瓶子倒过来。在花盆的旁边，将手移开后，快速地将水瓶插入到花盆中，瓶子里的水会流到土里一部分。当瓶子周围的土都变湿后，在瓶子周围就会形成密封状态，空气进不到瓶里。由于压强作用，瓶子里的水也流

不到外面。当瓶子周围土变干后，压强减小，水就会流出来一些，然后再形成密封状态。这样一瓶水就可以自动灌溉植物好几天，既保证植物得到水分，又不会使泥土过涝。

如果植物很小，就要保留瓶盖。在瓶盖上刺几个小孔，让水从小孔中流出。这样水量也就会减少了。

怎样观察由虫变蝶的过程

每当春天的时候，我们会在公园里的花丛中看到无数飞舞的美丽的蝴蝶，这些蝴蝶都是由毛毛虫变成的。你知道它们是如何从毛毛虫变成蝴蝶的吗？现在我们一起来做一个有趣的游戏，看看蛹变蝶的过程。首先，我们要准备一个大纸盒、一把小刷子、一个大玻璃罐子和一个小玻璃水瓶。

然后，我们去公园、郊外、田野里找几只蝶类毛毛虫，轻轻地用刷子把它们刷到一个盒子里。在

盒子里铺满它们喜欢吃的叶子，然后带回家。千万不要让毛毛虫接触到你的皮肤，因为有些毛毛虫的毛会让你的皮肤发痒、难受。找一个洗干净的大罐子，在罐底铺上土，放些小石头，再放入一个水瓶，将叶子插入水瓶里。把毛毛虫放进罐子里，用锥子在罐子盖上小心地扎几个眼，好让空气进去。

每天给毛毛虫放一些新鲜的叶子吃，把它们放在阴凉的地方，你可以在那里观察它们的进食和生长情况。最后它们会变成蛹，然后变成蝴蝶飞出来。

怎样贮存花香

你喜欢花的清香吗？想留住花香吗？一起来做做这个实验吧，它会让你长久地留住花的香气。

首先收集散落在地上的花瓣，然后把收集到的花瓣放在一只玻璃杯里，越多越好，再用玻璃棒把花瓣捣碎，最后把捣碎的花瓣糊放入一只装有95%浓度酒精的瓶内，封好口。在酒精中浸泡一周，这样香味物质就会溶解在酒精里了。

打开瓶盖，我们就可以闻到清新的花香。

花瓣中的香味物质可溶解在酒精里，只要打开瓶盖，由于酒精易挥发，溶解在酒精中的香味物质也

就会幽幽地飘出来，使整个房间充满花香。用这种方法贮存的花香，只要不打开瓶盖，酒精不挥发，就能长期保存，需要时打开瓶盖就可以了。

这可是留住花香、保存花香的好方法，动手制一瓶试试吧！

怎样模拟太阳能热水器

将软塑料长管中间对折，从对折处开始卷，直到软管剩余 40 多厘米的长度。用橡皮筋将卷好的软管部分套住，以防散开。将扎好的软管塞进大玻璃瓶中，剩余的放在瓶外。将玻璃瓶放在大张铝箔纸中间。收拢铝箔纸包围住玻璃瓶口，固定好，防止大量空气进入。

在阳光充足的情况下，将包好的装置放在不锈钢的盘子中，一起放置在户外的桌上照射两个小时，使瓶中产生热气，并使得瓶中温度升高。

取一个塑料瓶，装上冷水，放置在不锈钢盘子旁边。将软塑料管的一端插入瓶子的冷水中，另--端悬垂在桌子边。拿起软管，用口吸管口，然后放下管子，使塑料瓶中的水通过装置流出。现在流出的水，就像通过热水器一样，成了温水。

怎样用太阳能煮鸡蛋

太阳能的作用很多，而且是取之不竭的，科学家们已经利用太阳能给人类带来了很多便利。现在，我们就用太阳能来煮鸡蛋。

把一张边长18厘米的正方形无皱痕锡纸用固体胶粘在边

长16厘米的硬纸板上，再把硬纸板固定在小三角形支架上。这样的锡纸支架需要做20个。在阳光充足的时候，把这20个锡纸支架平稳地放在地面上。

在小铁锅中加入水，放2个鸡蛋，再调整那些锡纸支架，使它们反射的阳光最大可能地反射到小铁锅上。半个小时后，鸡蛋就熟了。

怎样将废纸做成再生纸

我们对“再生纸”和“原浆纸”这两个词都不陌生吧？现在，我们就来用旧报纸做再生纸。

先用旧丝袜和铁丝做一个筛子。把铁丝变成四边形，在接口处用线缠起来，套进丝袜里，把丝袜的两头打结。

把报纸撕成碎片，放进果汁机里，加水后启动开关，不断地加水加纸，直到看不到纸片为止。打好的纸浆应该是灰色的、滑滑的。将这些纸浆倒到水槽里，加入胶水，搅拌均匀。把筛子放在水槽中，然后再慢慢提起，并在水

槽上方停留片刻，让多余的纸浆流回水槽。

把筛子连同纸浆一起用衣架挂起来，或者拿到太阳底下晒干。等到确定纸浆完全干时，就可以把纸撕下来了。这些纸皱巴巴的，还需要用熨斗将其熨平，这样才大功告成。

你也可以多换几样废品试试，比如旧纱窗、树皮、捕虫网等，看看做出来的纸有什么不同。如果觉得单调，还可以在纸浆里加放一些染料、线头之类的装饰品。

怎样做回旋飞镖

有一种飞镖，不管你用多大劲，只要扔出的角度合适，它都会飞回你身边。其实，没什么神秘的，我们也可以做。

先用笔在硬纸板上画出飞镖的形状：两头拐臂大约有 20 厘米长。画好后，剪下来，用砂纸把边角磨光。一个简易的飞镖就做好了。

飞镖回旋，主要是扔飞镖时的角度要正确。用拇指和食指夹住飞镖的一端，让另一端对着自己，使劲朝一个小小的斜度抛去，它就会在空中飞出一条曲线，然后再回到你的身边。

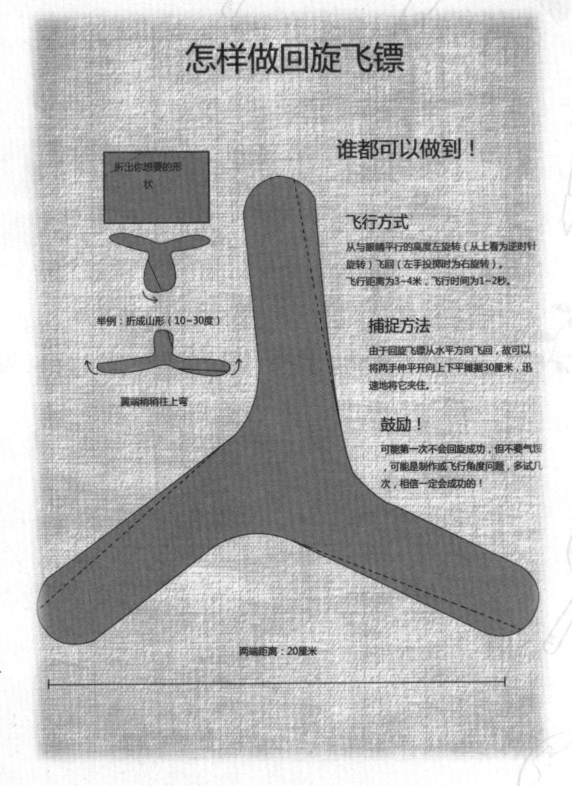

第一次不成功，不要泄气。看看问题是不是出在你的飞镖上。如果不是的话，就要调整你扔飞镖的角度。多试几次，你一定会成功的。

怎样制作自动抽水的胶管

当我们给鱼缸换水时，一般都是利用虹吸管的原理，这样既卫生又方便。我们来试一试这种方法吧。

找一个比换水的橡皮管内径小一点的胶塞子，在塞子中间穿一根线，线的一端系一个小物品，拉的时候方便。然后把

带线的塞子穿过橡皮管，把另一端堵住。换水的时候，把带有塞子的一端放入水底，用手拉小物品，当塞子从换水管中被拉出来时，管里的空气被排出，水也跟着流了出来。

用这种方法还可以把水缸里的沉淀物吸出来。

怎样找纸片的重心

不倒翁不会倒，是因为它的重心很低。你能找到它的重心吗？下面我们来找找纸片的重心吧。

在一张硬纸片上，剪下一个圆纸片、一个长方形纸片和一个不规则形纸片。在圆纸片的圆心上穿一根线，它就能保持平衡。在长方形纸片的对角线交叉点上穿一根线，它也能保持平衡。不规则形的纸片重心可就没那么容易找了。

先在不规则形纸片的边缘任意穿一根线，挂在墙上。当纸片停止摆动时，用直尺

沿着这条线，在纸片上画一条直线，再在任意点上穿一根线，重复上面的步骤再画一条直线。这两条直线的交点处就是不规则形纸片的重心。

怎样制作魔力架

用铜丝做一个长8厘米、宽3厘米的框架，再截取一段4厘米长的铜丝放在架子上。

把框架放在盛有肥皂水或加入洗涤剂的小碟子里。这时，框架中间铜丝两侧会有一层肥皂膜。轻轻地把框架拿出来，并把一侧的肥皂膜刺破，而另一侧的肥皂膜仍是完好的。这时，你会发现铜丝被另一侧的肥皂膜拉过去了。如果你马上沿着框

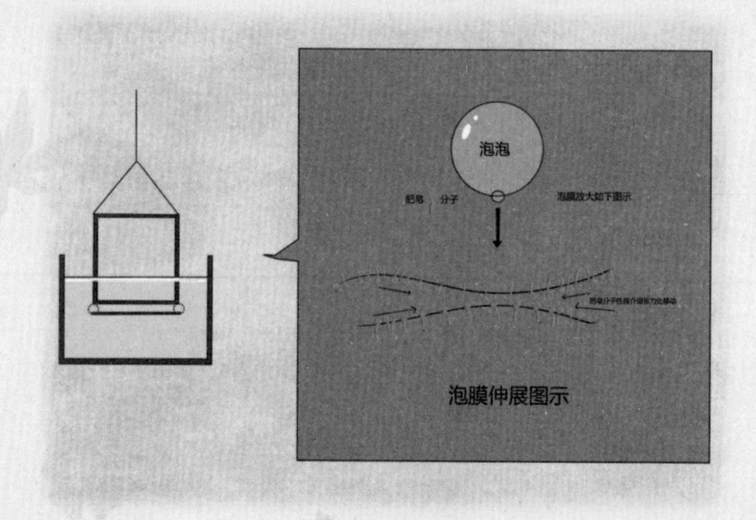

架的水平方向把铜丝拉回中间，肥皂膜就又被拉回原来的地方了。

圆柱形的肥皂泡

肥皂膜把线环引成一小圈

其实这并不是魔力在起作用，而是液体表面的张力在起作用。当两侧是同一种液体形成的膜时，表面张力相同，所以铜丝不会移动。但是当一侧的肥皂膜被刺破，另一侧的肥皂膜张力就会把铜丝拉过去。如果马上把铜丝拉到原来的地方，肥皂膜也会跟着过来，但是一松手，肥皂膜的张力还会把铜丝拉回去。

怎样做植物电池

找一段内径约为1厘米、长2.5厘米的塑料管，再截取1节废电池的碳棒1.5厘米，放入塑料管的一端，另一端填入电池内的粉末，再用一层吸水纸盖好。这就是电池的正极。把废电池外面的锌皮剪下长2厘米、宽1.5厘米的小块，作为电池的负极。

再找一盆汁液为酸性、叶或茎厚的植物，如仙人掌、宝石花、燕子掌等，把电极插入植物体内，就可以了。

这块植物电池的电压约为 1.5 伏，如果感觉电流小，可以多做几个并联起来使用。

怎样把草叶变成哨子

找一根细长的草叶，用拇指中部的关节夹住草叶的上部，拇指的根部夹住草叶的下部，使草叶尽量伸直。用力对着两个拇指间的空隙里吹气，就可以听到草叶像哨子一样发出响声。

不仅草叶可以当哨子，纸片和薄塑料片也可以当哨子。你可以将草叶换成纸片和塑料片，重复上面的实验，听到的响

声各不相同。

这是因为空气通过狭长的缝隙，引起草叶、纸片和塑料片的振动，这种振动又引起了空气的振动，空气振动产生声音，也就是我们所听到的声音。

怎样制作魔音盒

在盒子的一侧钻一个洞，把绳子穿进去，里面系上一个东西，不让绳子溜出盒子。然后用松香在绳子上捋一下，魔音盒就做好了。你可以试试，一手拿着盒子，另一只手的拇指和食指去捋绳子，就会听到奇怪的声音，像是某种动物的吼声。

声音都是由振动产生的，当你用手捋绳子时，绳子的振动传到盒子里，引起盒子里的空气振动，盒子使振动加强，所以就会发出魔音了。

怎样使红糖水变成白糖水

在一杯红糖水中放入3勺活性炭，用筷子搅拌，使活性炭在水中漂起来。将滤纸对折，放在漏斗的底部，漏斗对着另一个杯子，将红糖水倒入。再重复一次，将溶液倒入第三个杯子中。红糖水就变成无色的白糖水了。

因为活性炭有超强的吸附力，可以吸附红糖中的杂质和色素，使红糖水变成白糖水。

怎样制作变色花

制作变色花，必须用吸水纸。将吸水纸剪成你喜欢的花和叶子，放在一旁备用。在两个杯中倒入清水，一杯加入二氯化钴晶体，一杯加入氯化铜晶体。把花在二氯化钴溶液中浸泡三四次后，使花变成粉红色。再将叶子放在氯化铜中，直到叶子染成绿色。将变了色的花和叶插成花束装在花瓶里，当花和叶子干后，花就会变成紫粉色，再变成粉红色，而叶子则会由绿色变成苍黄色。

不用担心，只要你在上面洒点水，颜色就会变回来了。因为二氯化钴和氯化铜中都含有结晶水，失去和得到结晶水后的颜色是不一样的。

怎样写隐形字

我们经常听说的秘密信件，是怎么写成的呢？在别人眼里是一张普通的纸，可是到特定的人手里，就会有神奇的字出现。和你的朋友也来写一封“秘密信件”吧。

切开一个柠檬，往杯子里挤入几滴柠檬汁。用牙签做笔，

蘸着柠檬汁在一张白纸上写一条秘密信息。交给你的小伙伴，他什么都没有看到。可是只要把纸放在太阳下烤干，纸上的字就会神奇地显现出来。

柠檬汁的燃点很低，所以烘烤时，来自太阳能的热把柠檬汁烤干，成了褐色，纸上就会显现出字迹。

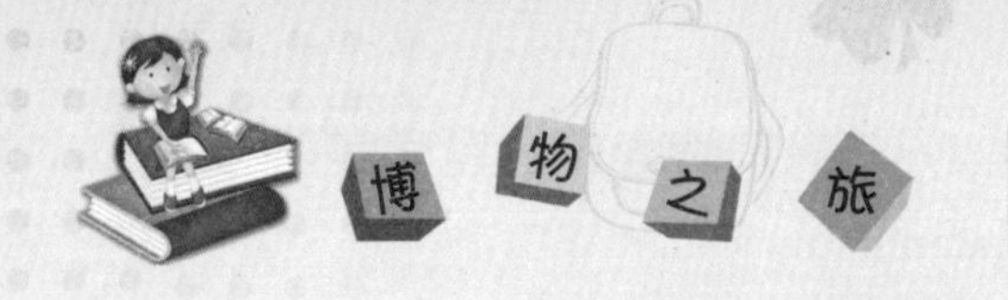

怎样让水长高

我们知道生物从小长到大，要摄取食物和能量。可是你知道吗？水也会长高的。生物的成长是日积月累的结果，可是水可以一晚上长高很多，而且水的长高不需要食物。那么水是怎么长高的呢？我们就一起做个游戏来解开这个秘密吧。

找一个塑料瓶，往瓶子里倒满

水，水要溢满到瓶口。把装满水的瓶子放到冰箱里冷冻。到第二天早上，把瓶子取出，你会发现瓶子里的水变成了冰，而且还长高冒出了瓶口。

水真的会长高吗？其实这是水遇冷结冰后体积膨胀造成的。大家都知道，很多物体都是热胀冷缩，可是有一样东西例外，那就是水。因为冰比液体的水占有更多的空间，所以冰会从瓶子里冒出来。

含两根吸管能喝到汽水吗

我们在喝汽水时，如果杯里放两根吸管，同时吸肯定能喝到汽水。但如果一根吸管在杯子里，一根吸管在杯子外，你含着这两根吸管同时吸的话，能不能喝到水呢？当然不能，即使你费再大的力气，也吸不出一滴水来。

在一般情况下，我们用吸管喝饮料时，嘴像一个真空泵，吸气时，口腔内的气压下降，外面的气压比口腔内的气压大，由于空气要保持气压平衡，所以大气压迫使杯里的汽水沿着吸管流到嘴里。

如果一根吸管在杯子外面，口腔内无法形成真空，压力和外面的压力一样，杯里的汽水当然是流不到嘴里的。